小亮老师的博物课

叹为观止的自然现象

张辰亮 著 尉 洋等 绘

天地出版社 | TIANDI PRESS

我是一名科普工作者，经常在微博上回答网友提的关于花鸟鱼虫的问题，很多人叫我"博物达人"。我得了这个称呼，自然就常有人问我："博物到底是什么呢？"

博物学是欧洲人在刚刚用现代科学视角看世界时产生的一门综合性的学问。当时的人们急切地想探知万物间的联系，于是收集标本、建立温室、绘制图谱、观察习性，这些都算博物学。博物学和自然关系密切，又简单易行，普通人也可以参与其中，所以曾经引发了欧洲的"博物热"。博物学为现代自然科学打下了根基。比如，达尔文就是一位博物学家，他通过对鸟兽的观察、研究，提出了"进化论"。"进化论"影响了人类数百年。

科学发展到现在，已经非常复杂高端，博物学在科学界也已经完成了历史使命，但博物学本身并没有消失。我们普通人往往觉得科学有点儿高端，和生活有点儿脱节。但博物学不一样，它关注的是我们生活中能见到、听到、感受到的事物，它是通俗的、有趣的，和自然直接接触的，这使它成为民众接触科学的最好途径。

博物学是孩子最好的自然老师。

我做了近十年的科普工作，现在也有了女儿，当她开始认识世界，对什么都好奇时，每次她问我"这是什么？"的时候，我就在想：她马上要听到她一生中这个问题的第一个答案！我应该怎么说，才能既保证准确、不糊弄孩子，也能让孩子听懂呢？

我不禁回想起当我还是一个孩子的时候，我的家长是怎样回答我的问题的。

在我小时候的一个冬天，我踩着雪去幼儿园，路上我问我妈："我们踩在雪上，为什么会发出嘎吱嘎吱的响声？"我妈说："因为雪里有好多钉子。"到了夏天，我又问我妈："打雷是怎么回事呢？"我妈告诉我："两片云彩撞一块儿了，咣咣的。"

这两个解释留给我的印象极深，哪怕后来学到了正确的、科学的解释，这两个答案还是在我的脑中挥之不去。

我想这说明了两件事。

第一，童年得到的知识，无论对错，给人留的印象最深。如果首次得到的是错误答案，以后就要花很大精力更正它。如果第一次得到的是正确的知识，并由此引发兴趣，能够探究、学习下去，将受益终生。所以让孩子接触到正确的知识很重要。

第二，这两个问题的答案实在太通俗、太有趣了，所以我一下就记住了。如果我妈当时跟我说了一堆公式，我肯定早就忘了，也不会对自然产生持续的兴趣。所以，将知识用合适的方式讲给孩子也很重要。

这些年我在微博上天天科普，回答网友的问题，知道大家对什么最感兴趣。我还多次去全国各地给孩子们做科普讲座，当面听到过无数孩子的提问，对孩子脑袋里的东西也有一定的了解。

我一直在整理我认为最贴近孩子生活、对孩子最有用的问题的资料。最近，我觉得可以把这些问题的答案分享给更多的孩子和家长了，于是我就在喜马拉雅上开了一门课程——《给孩子的博物启蒙课》。

这门课程一共分为六个主题模块，分别是花草树木、陆地动物、水生动物、鸟类、昆虫、身边自然，涵盖了植物、动物、进化、天文、地理、物理等方面的知识，选取的内容都是日常身边能见到，孩子们能感知的事物。这 60 期课程的主题也都是孩子们感兴趣的话题，想必里面的不少内容，孩子们都问过家长，如果家长不知道怎样回答孩子，就让他们听我讲吧！

我希望这门课程不但能使孩子们获得知识，而且能让他们用正确的态度对待自然。如果它还能让孩子对大自然和科学产生好奇，进而有更多独立的思考和探究，就更好了。

音频课播完后，我本来以为完成"任务"了，可很多家长和孩子都问："开不开第二季？"看来大家挺爱听！我在欣慰的同时又有点儿犯难：录制这套课程非常耗费时间和精力，我还没有下定决心开第二季。好在已录制的部分可以全部出成书，听完课没记住内容的话，可以翻翻书，书中配有大量图片，看书也更直观。看完这本书，希望你能被我带进博物学的大门，养成认真看书、独立思考、善于野外观察的好习惯，成为一名大自然的热爱者、研究者和保护者。

叹为观止的自然现象

我们能不能到达彩虹脚下？

叹为观止的自然现象

彩虹的"虹"字左边是虫字旁，右边是工人的工。为什么"虹"字是虫字旁呢？

因为中国人最初认为彩虹是一个像大虫子一样的动物，这个动物有两个头，也就是彩虹的两端，分别在地上喝水，而彩虹的圆弧部分就是它的身子。古人是不是非常有想象力呢？

你觉得弯弯的彩虹像什么呢？我小时候认为它像一座桥。我常常幻想天上有一座彩虹桥，还梦见自己走到了彩虹桥上。每次我看到彩虹都想跑过去，看看是不是真的有一座桥立在那儿。但我发现朝着彩虹的方向不管怎么跑，都没有办法跑到它面前，这是为什么呢？

我们一般是在什么时候看到彩虹的呢？是大中午还是夜里？是清晨还是傍晚？我想绝大多数人都是在傍晚看到彩虹的。

下了一下午的大雨，到了傍晚，云开雾散，太阳还没有完全落下，云彩被染成了金色，城市里的高楼也都带上了夕阳的金色。这个时候，在与太阳相对的方向，也就是东边的天空中往往会出现一道很大的彩虹。

你还会发现，无论怎么走，你都正好站在太阳和彩虹的中间，彩虹和太阳永远不会出现在同一侧。

太阳和彩虹为什么不会在一起?

了解了彩虹形成的原因，你就知道答案了。

彩虹的出现有一条规律：它出现在太阳的反日点。什么是反日点？将你的胳膊平伸成$180°$，并保持这个角度，调整身体，将一只手的指尖对准太阳，这时，你的另一只手的指尖正对的就是反日点。反日点的位置随着太阳的位置而变化，太阳的位置越高，反日点的位置就越低。

因此，如果我们想看见彩虹的话，太阳位置不能太高，否则，彩虹就太低了。所以中午我们是见不到彩虹的。太阳位置越低，彩虹的弧度就越大。为什么呢？我们可以像刚才一样把两手平伸，假如，现在你左手边是太阳，把左手抬高，也就是太阳的位置升高，为了保持右手和左手成180°，你必须把右手放低才行，也就是太阳越高，彩虹露出地面的部分就越小。如果你把左手往下放，那右手就要相应地抬高，也就是太阳越低彩虹越高。

其实城市里也有很低的彩虹，但是我们看不见，因为它太低了，很容易被树和楼房挡住，只有在草原、海边等平坦开阔、完全没有遮挡的地方才可能看到那种非常低的、露出地面一点点的彩虹，这种彩虹叫低虹。

为什么彩虹总是出现在雨后呢？

太阳的光线是沿着直线射出去的，下过雨之后，空气中飘浮着很多小水滴。阳光穿透这些水滴，在水滴里会先折射一次，然后在水滴的背面反射，最后离开水滴时再折射一次，相当于拐了三个弯，太阳光会被打散，分成好多颜色。本来阳光穿透水滴之前基本是白色的，但是在水滴里拐了三个弯之后，它就会被分成很多颜色，然后太阳光再射出来，就看到了彩虹的颜色。

　　彩虹有几种颜色呢？很多人会脱口而出：七种——红橙黄绿青蓝紫。可如果你学了物理学，老师会告诉你，这个说法是不对的，应该是"红橙黄绿蓝靛紫"，这是现在比较权威的说法。

彩虹

　　但是，彩虹并不是只有七种颜色。彩虹的颜色其实没有具体数量，因为它是一个连续分布的颜色带。比如红色和橙

色之间有很多过渡色，它们之间并没有一条明确的线，规定线这边全是红色，另一边全是橙色。

那么，是谁规定的彩虹有这七种颜色呢？是牛顿！牛顿为什么把彩虹分成七种颜色呢？其实，他是受到了古希腊著名的科学家毕达哥拉斯的影响，毕达哥拉斯认为"七"代表完美，所以牛顿就把彩虹的颜色分成了七种，但是你要知道，彩虹并不是只有七种颜色。

我们能不能到达彩虹脚下呢？

答案是不能。因为彩虹只是一种光学现象，是太阳光在水滴里折射、反射、再折射出来的光线进入我们的眼睛，我们才看到的。彩虹并不是实际存在的物体，也不是一座真正的桥，所以我们没办法靠近它、触碰它。

你站在一个地方所看到的彩虹，是其中一层小水滴折射出来的光线进入了你的眼睛。你再往前走一步，就是另一层小水滴折射的光线进入了你的眼睛。所以，你每往前走一步，

彩虹

所看到的都是由不同的小水滴折射出来的彩虹。你越往前走，彩虹越往后退，所以你永远到不了它的面前。你可能不信，还想追，那我建议你不要追下雨之后的大彩虹，你可以选一个阳光明媚的清晨，去小公园追"迷你彩虹"。

公园里经常有喷水器给草坪浇水，工人也会把大胶皮管子放在地上，上面扎很多的小眼，用它喷水浇花或草坪。在阳光下，那些水雾飘散的地方有时候会出现一道迷你彩虹。这时彩虹就在你的面前，你可以试试能不能靠近它。你会发现当你走近时它就消失了，这就是因为你走出了光线折射的角度范围，就看不到彩虹了。

有些细心的朋友可能还会发现，有时下雨之后，大彩虹外边还有一圈彩虹，这一圈彩虹比里边的彩虹更大，但是颜色更暗淡，而且和里边彩虹的颜色正好相反。里边那层彩虹是红的在上边，紫的在下边，但是外边那一圈暗淡的彩虹是红的在下边，紫的在上边。其实，外边这圈彩虹是"霓"，霓和虹是两种彩虹。我们常见的彩虹都是"虹"，但如果气象条件有利的时候，就会出现霓。霓还有一个名字叫副虹。里面最亮的那一圈叫主虹，它是太阳光照到水滴里折射两次，反射一次，拐了三个弯而形成的；如果太阳光在水滴里折射两次，反射两次，也就是拐了四个弯，就会形成霓。

有的时候你还会发现在虹的里边，"红橙黄绿蓝靛紫"紧接着又出现了"红橙黄绿蓝靛紫"，七色光在不断地重复。它里边的这些重复了第二次、第三次的彩虹，我们叫它干涉虹。因为两束光在一起传播的时候，它们会互相捣乱，捣乱的结果就是出现干涉虹。这种虹更加罕见，气象条件足够好才能看到。

还有，下雾的时候也可能出现彩虹。因为雾的水滴比雨水的水滴小，所以，七色光在折射、反射时会掺杂在一起，变成白色。所以，雾虹看起来是一个白色的弧形，看不出七色光。

和彩虹原理一样，如果月亮升起来的时候，在合适的位

霓虹和彩虹

置正好赶上下雨或者下雾，那也会产生月虹。但是，由于月亮的光比太阳光暗很多，所以月虹非常暗淡，一般人根本不会注意到，只有一些非常细心的人才能观察到。

我的自然观察笔记

小朋友，如果你看到彩虹，请认真观察一下，数一数它有几种颜色，并看一看有没有副虹。

观察完毕后，请在下方空白处画下这道彩虹吧！

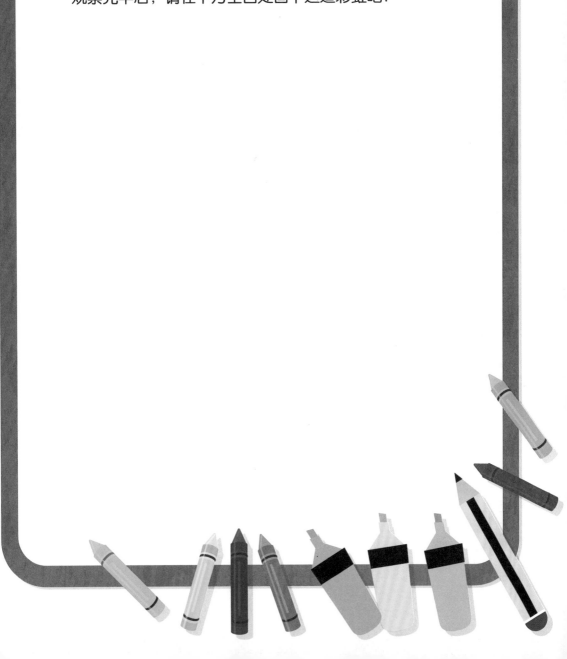

火是固体、液体还是气体？

叹为观止的自然现象

以前，北京天桥有一些摆地摊变戏法的艺人，他们在变戏法的时候，往往要念咒语，其中一个咒语就是"一二三四五，金木水火土，要把戏法变，还得抓把土"。"金木水火土"，大家肯定都听说过，它是我国一个传统的学说——五行学说的内容。

中国人认为世界是由"金木水火土"五种元素构成的，也就是"五行"。古代的印度和欧洲也有类似的说法，他们认为世界是由"水气火土"或者"地火水风"等元素构成的。不管是哪种说法，里面都有火，人们认为火是非常重要的东西，整个世界都少不了它。人们还认为，火是跟其他几种元素完全不一样的物质。"金木水土"都是看得见摸得着的东西，但是火，我们能看得见，也能感觉到，却摸不着。

火到底是一个什么样的东西呢？

我们先来了解火和焰。我们在生活中常说"火焰"，其实在物理学上，"火"和"焰"是两个概念。

火的标准定义是物质在快速的氧化过程中发光发热的现象。什么是氧化？比如，地上有一根大铁棍，经过风吹雨淋，过几年你再去看它，会发现它的表面生锈了，这就是氧化造成的。一根铁棍要放到生锈，需要很长时间，所以这属于缓慢氧化。但是，如果一个东西着火了，那它就是快速氧化。

物质在快速氧化的时候不会悄无声息，而是很剧烈的，人们用肉眼很容易发现，因为这个过程会发光发热，这就是火。因此，火不是一种物质，它只是物体在氧化时发光发热的现象。这个现象里有些部分是人眼能看到的，有些部分是人眼看不到的。我们能看到的部分就叫"焰"，也可以叫"火焰"。所以，焰是火的大范围里的一部分。

火焰是固体、液体还是气体？

你可能会认为火焰是气体。的确，火焰是一团发光发热的气体，里边还混杂了一些烧完之后的小颗粒。但是，我们又不能这么简单地想，因为火焰也分不同的部分，火焰的上半部分温度是最高的。如果你想用一个小火苗迅速地把一根木棍点着，你要把木棍放在小火苗尖的部位，因为那儿温度最高。如果你把木棍放在火苗的根部，也就是那个胖胖的部位，木棍要很久才会被点燃。火焰尖部有可能就不是气体了，它变成了一种叫等离子体的东西。如果整个火焰温度都特别高，那么整团火焰可能全是等离子体。

火焰

什么是等离子体呢?

我们身边的大部分物质一般就是三种状态:固体、液体或气体。等离子体是物质的第四种状态,但是学校的老师一般不会讲到。

等离子体是怎样形成的?一般固体加热之后会变成液体,比如冰块加热之后变成水,而液体加热之后又会变成气体,如水加热之后就变成水蒸气。如果将气体继续加热,加热到一定程度,气体就变成了等离子体。

可能你会觉得,我们在日常生活中只看到了固体、液体和气体,从没见过等离子体。其实我们天天都能看到等离子体。比如天上的太阳就是一个巨大的等离子体,天空的闪电和北极的极光也都是等离子体,还有一种等离子体玩具——辉光球。

辉光球外面是一个大玻璃球,中间是一个小球。通电之后,把手放在大玻璃球上,你会发现手指和玻璃接触的地方会产生一些特别奇特的像火一样的光,这些光会与中间的小

叹为观止的自然现象

球相连。它的原理是在玻璃球里充进一些稀薄的气体，中间的小球通电之后，气体在电的作用下变成了等离子体，从而产生非常漂亮的光芒。

科技馆一般都有辉光球，你去参观的时候，可以好好地观察一下辉光球中间的光芒，看看等离子体到底是一个什么样的状态。

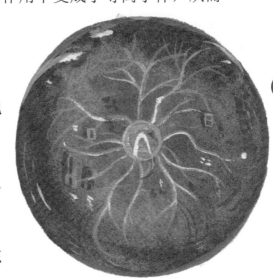

辉光球

我们通常认为只要一个东西燃烧起来了，就一定会产生火焰。其实这是不对的。固体、液体和气体都能燃烧，但是，只有气体燃烧才会产生火焰。固体和液体燃烧是没有火的，只会发红、冒火花或者出现强光。

有人会说，这是不对的，蜡烛或木头可以点着，甚至人们喝的酒也能点着，它们都不是气体，可它们燃烧也能产生火焰。其实这些物质燃烧的时候不是直接变成火焰的，而是先在高温下变成气体，气体再燃烧，才冒出火焰的。

比如，蜡烛被点着后，它需要先挥发，变成蜡的蒸气，然后才能产生火焰。而木头之所以点燃后能够产生火苗，是因为它在高温下分解出了一些气体，比如一氧化碳、氢气和甲烷等，这些气体燃烧才产生了火焰。再比如，去野外烧烤时，我们一般不会直接从树林里捡干树枝点燃来烤肉，因为干树枝燃烧后会产生大火苗，肉在火苗上烤，一下子就煳了。

我们需要用什么烤肉呢？一般人们都用木炭烤肉。木炭烧起来没有明火，也就是没有火苗，是用热度慢慢地把肉烤熟的。为什么木炭燃烧时没有明火呢？因为木炭事先经过了处理，人们把那些会产生一氧化碳、氢气等气体的物质都去除了，这样，木炭在燃烧时就不会产生气体。没有气体，它燃烧的就只有固体，当然就不会有火苗，而只会发红、发热了。

我的自然观察笔记

小朋友，过生日时不要急着吹蜡烛许愿，请先观察一下蜡烛火苗的形态、颜色，然后再吹灭（一定要在家长的陪同下进行）。观察完毕后，请在下方空白处把小火苗画出来吧！

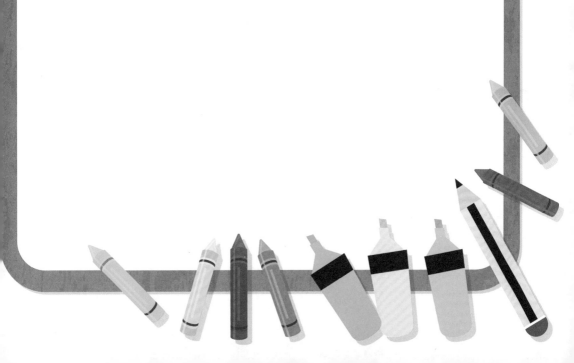

天上怎么有那么多种云彩?

叹为观止的自然现象

　　我小时候有一个爱好，就是看天上的云彩，看到特别好看的云彩时，就用相机把云彩拍下来。那时候还没有数码相机，都是胶卷相机，我会把照片洗出来放在相册里。有时候，走路时我也会抬头看云彩，甚至还因此撞过电线杆！

　　因为我经常看云彩，所以看到过几次特别漂亮的天象奇观。比如我见过像彩虹一样的云彩，科学上叫"环地平弧"；我看到过太阳四周围了一个大光圈，科学上叫"日晕"；我还见过云彩像海边的波浪一样，一个接一个，排成一排，这种现象叫"开尔文－亥姆霍兹波"。

　　可是，我很惊讶，为什么我周围的同学全都没有注意到这些奇妙的天象，明明它们就挂在天上。如果你缺少一双发现的眼睛，就会错过很多非常有意思的东西。其实，云彩是非常棒的自然观察物，只要抬头就能看见它，而且它的背后有很多科学知识。所以，我建议你从云彩开始你的自然观察之旅。

　　如果你经常看云彩，会发现云彩有几种固定的样子，每种云彩都叫什么名字呢？

积云

云彩是怎么分类和命名的呢?

云彩的分类是一个难题,各国的科学家都有自己的分类法,并没有统一的说法。国际上比较通用的分类法是"三云族十云属"的分类方法,也就是把云彩分为三大家族、十大类别。下面我按照云彩位置从低到高的顺序来介绍。

看天空的时候,你会发现有的云彩很低,好像伸手就能摸到,而有的云彩特别高。这不是错觉,云彩的位置确实有低有高。

位置最低的云彩属于低云族,包括积云、层积云和层云;位置再高一点儿的云彩属于中云族,有高积云和高层云;位置更高的云彩属于高云族,包括卷云、卷积云和卷层云。还有两种云——雨层云和积雨云,它们特别厚,一片云彩能占两个云族甚至三个云族的位置。

你发现了吗?为什么它们的名字都差不多,都是积、层、高、卷这几个字?的确,云彩的名字就是用这几个字来回地排列组合的。不要觉得积、层、高、卷这几个字容易混淆,它们反而能帮助你记忆云彩的名字！

我们怎么记云彩的名字呢？

云彩名字中的每一个字都在告诉你，它有什么特点。带"积"字的云彩是大团的云彩，就像一团棉花积攒在一起；带"层"字的云彩是一层一层的，像一个大扁片铺在天空中；带"卷"字的云彩是一丝一丝的，边缘有时会卷起来；带"雨"字的云彩就是可以下雨的云彩，这种云彩一般比较厚；带"高"字的云彩就是位置相对比较高的云彩。理解了这几个字的意思，我们再回过头来看这十种云彩，就知道是怎么回事了。

层云是扁片状的云彩。

雨层云是一大片很厚的云彩。

层积云的形状差异较大，有条状、片状或团状，团状层积云是一些连成一片的块状的云彩。

积云就是小朋友经常画的，像一只只小绵羊或一块块棉花团一样的云彩。

云的十大分类

卷积云

积雨云

高积云

层积云

卷云

卷层云

高层云

积云

雨层云

层云

积雨云是既能积成团，又能下雨的云彩。这种云彩特别厚，会带来大雨、暴风雨。

在这里要为大家介绍一下大气层的知识。大气层是包裹着地球的气体，就像地球的衣服。大气层有很多层，最下边的一层叫对流层，人类、各种生物以及我们能看到的绝大多数云彩都在对流层里活动。比对流层高一层的是平流层，平流层一般没有云彩。乘坐飞机时你可以观察一下，飞机起飞后会穿过云层，爬升到云层上方，不管下边是雾霾、刮风还是下雨，只要爬升到云层上方，立刻就是纯净的蓝天，没有一丝云彩，云彩都在飞机下面。飞机选择在平流层里飞行是因为这里的气流都是以平流运动为主，飞机在里面飞行很稳定。如果在对流层里飞行，那就可能一会儿被风吹上去，一会儿被风吹下来，十分危险。

积雨云的云脚几乎能踩到地面，所以下大雨时我们觉得乌云离我们很近。而它的脑袋能一直长到对流层的顶部，就好比一群小朋友在教室里玩，大家的脑袋离天花板的距离很远，这时进来了一个长得很高的人，他的脑袋能顶到天花板。积雨云就是这样，它的脑袋顶到了对流层的天花板，没办法再往上长了，只能平摊着长。因此，很多大型积雨云的顶部都是平的。

高积云是在特别高的地方的、像棉花团一样的云彩。

卷云是一丝一丝的云彩。一般在秋高气爽的时候，我们能看到天上有好多像白丝一样乱飘的云彩，这就是卷云。

卷层云是连成一大片的丝状的云彩。

卷积云是结成块的丝状的云彩。

这就是云彩的十个类别。

现实中的云彩还可以分得更细。比如，有时天上会有像波浪一样的云彩，我们就可以在层积云前面再加几个字，叫它波状层积云。

如果有一大片薄薄的云彩盖住了天空，有的地方稍微厚点儿，有的地方稍微薄点儿，薄的地方会漏出一点儿光来，这种云叫透光层积云或者漏光层积云。

贝母云

还有一些云彩不在这十个家族里面。比如有一种云彩特别奇特，它出现在一般云彩不会出现的平流层里，这种云彩叫贝母云。太阳光一照，它会闪烁出珍珠一样的光泽，特别漂亮。

　　还有一种比贝母云位置更高的云，叫夜光云。为什么叫夜光云呢？夜光云所在的位置特别高，都快到大气层的最高处了，即使太阳落到地平线以下，还能把它照亮。整个天空都黑了，这种云彩还是亮的，所以就叫它夜光云。

　　还有一种云彩是现代人才能看到的云彩，古代没有这种云彩，它就是航迹云，俗称"飞机拉线"。飞机跟汽车一样，需要燃烧汽油来获得动力。它排出的尾气在天空中凝结，变成一根又直又长的"云彩"。拍古装片的时候，负责任的摄影师就会注意避开有航迹云的天空。如果他把航迹云拍进片子里，那就穿帮了！

我的自然观察笔记

小朋友，抬头看看天空，是不是能看到很多不同形状的云呢？请仔细观察它们，说一说它们分别属于哪个家族吧！

观察完毕后，请在下方空白处把它们画出来吧！

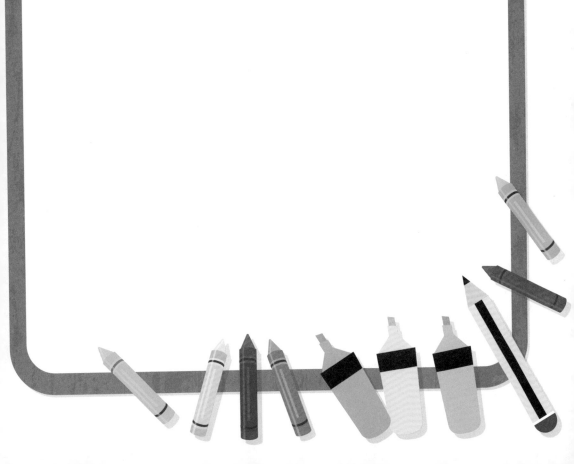

月亮小时候有故事吗？

叹为观止的自然现象

月亮是我们生活中最容易被观察到的天体，比太阳还容易被观测到。为什么呢？因为太阳太亮了，刺眼，不方便观察，而月亮的亮度正合适。

我小时候也很喜欢看月亮，一直听说月亮里有嫦娥、玉兔、吴刚，还有蟾蜍（chán chú）。古时候人们称月亮为蟾宫，蟾就是蟾蜍。我对着月亮一直找，想知道玉兔和蟾蜍到底在哪里。月亮上有一些黑色斑块组成的奇特图案，但我一直没有看出来图案像兔子或蟾蜍，只觉得整个月亮像一张大圆脸，上面的图案让月亮看上去好像正在哭泣。

有一个晚上，我在澳大利亚的沙滩上散步，正好赶上月亮从海面上升起来，特别亮，特别圆。我突然发现，在澳大利亚看到的月亮里的图案特别像一只蹲着的兔子，两只长耳朵也特别明显，为什么在中国看月亮时就没有这种感觉呢？后来我才知道，在北半球看到的月亮跟在南半球看到的月亮是不一样的。由于我们站的位置不一样，在北半球看到的月亮就像一张哭泣的人脸，到了南半球，换一个角度看月亮，我们就会看到一只兔子。

世界各地的人们都对月亮上的图案做出了各种想象，有人觉得它像一只兔子，有人觉得它像一位看书的老太太，还有人觉得它像一只伸出一个大钳子的螃蟹（也许他们把兔子的两个大长耳朵想象成螃蟹的大钳子了），希腊人觉得月亮上面的图案是坐在银色马车里的女神，俄罗斯人觉得它是一个少女。

圆月

为什么月亮上有的地方是白色的，有的地方是黑色的？

月亮不是像我们看到的那样是个大圆盘，而是一个球体，在科学上我们叫它"月球"。月球在刚诞生的时候，曾经受到很多陨石的撞击，被撞出了很多大坑，有些地方的坑太多太深，就变成了低洼地带。后来月球内部又发生了火山爆发，喷出很多的岩浆，这些岩浆又把那些低洼地带填平了。岩浆冷却后是黑色的，所以月球上面有大片的地方变成了黑色。我们看到的那些像嫦娥、兔子的地方，都是被岩浆覆盖的地方。

现在月球上面没有火山喷发的现象了，几乎是一个"死亡星球"。那为什么它刚诞生的时候这么有活力呢？

月球究竟是从哪里来的？

人们对此提出了各种猜想。

第一种说法：地球刚刚形成的时候，表面全都是流动的岩浆，又热又软，而那时地球自转的速度比现在快很多。想象一下，如果一个软泥巴做的球飞快地转，那会发生什么呢？肯定会把很多泥巴甩出去。地球甩出去的物质最后就变成了月球。

第二种说法：地球最初是一片星云，这些星云在逐渐变成球的过程中，变成了一大一小两个球，一个是地球，一个是月球。

第三种说法：月球本来是宇宙里一颗单独的星球，它在宇宙里转着转着，转到了地球旁边。由于地球的引力比月球的大很多，月球被地球的引力牢牢吸住，最后变成了地球的卫星。

但是这三种说法都不能完美解释月球是如何形成的。航天员登月之后，把月球上的石头带回地球，科学家通过研究发现，月球上的石头的成分跟地球上的石头的成分很像，但是又有一些区别。科学家在此基础上又进行了进一步研究，最终形成了一个被广泛认可的说法——月球是被撞出来的。地球在刚刚形成不久时，突然被一个像火星那么大的星球撞上了，地球被撞出很多碎屑。这些碎屑围绕着地球形成了一个小行星带（这有点儿像土星环），后来这些碎屑互相融合，聚积成了月球。

这个学说可以解释很多问题，比如，为什么月球刚形成的时候表面有很多岩浆，因为月球的形成过程非常暴力；月球上的岩石的元素为什么跟地球上的岩石基本一样却缺少那些容易挥发的元素，因为这些物质在撞击的时候挥发完了，月球形成后，岩石里就没有这些元素了。

另外，这个学说还能解释地球为什么是歪着转的。我们知道，地球仪上的地球是倾斜着的，就是模拟地球真实的状态。这是为什么呢？地球在诞生初期其实是正着转的，但是遭到了另一个星球的撞击，被撞歪了，所以到现在地球还是歪着转的。

然而，这种撞击学说也不一定就是正确答案，人们只是基于目前掌握的科学知识对此进行了推测。现在人们又对这一学说进行了更丰富的补充，有人认为地球被撞了好几次，每被撞一次，地球就被撞掉一块，掉出来的东西就变成了一个小月亮。后来，撞出来的东西形成了好几个围着地球

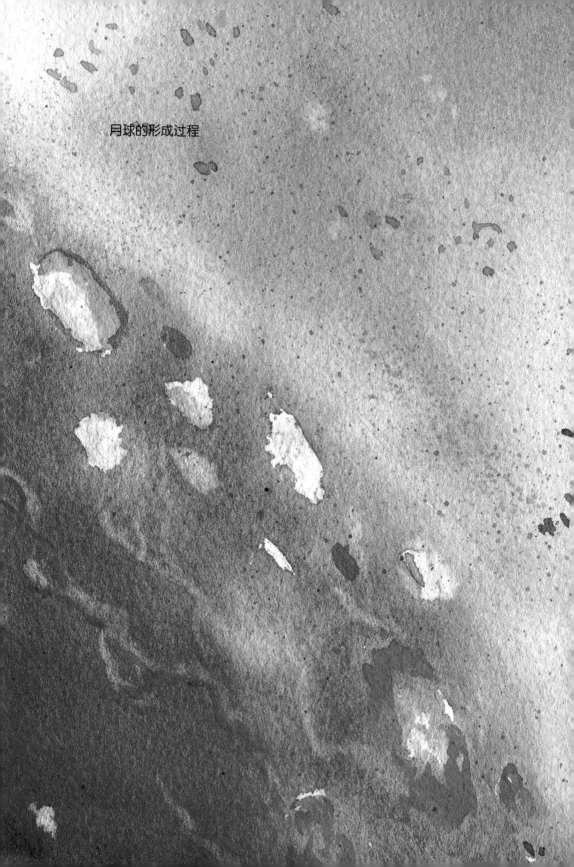

月球的形成过程

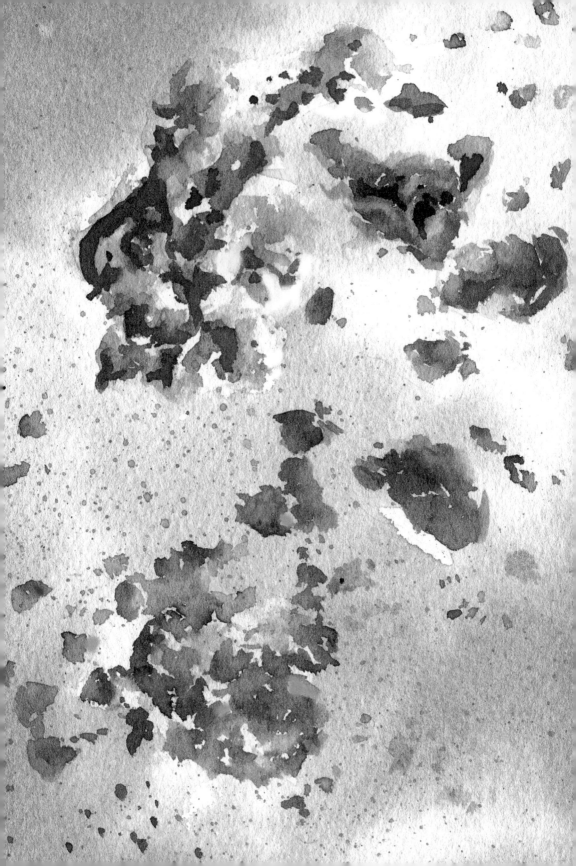

转的小月亮，最后这几个小月亮合并到一起，在引力的作用下变成了球体，才有了现在的月球。

那么，真正的答案到底是什么呢？随着科学的发展，一定会有更加科学、准确的解释出现，很可能这个答案就是由未来的你为大家揭晓。

我的自然观察笔记

　　小朋友，你有没有注意到，月亮有时像一个大圆盘，有时是半圆形，有时又像一把弯弯的镰刀，每天的形状都不一样呢？

　　请进行为期一个月的月相观测吧！在下方表格中，根据你每天观察到的月亮，给圆圈涂上颜色，并在横线上写下观测日期吧。

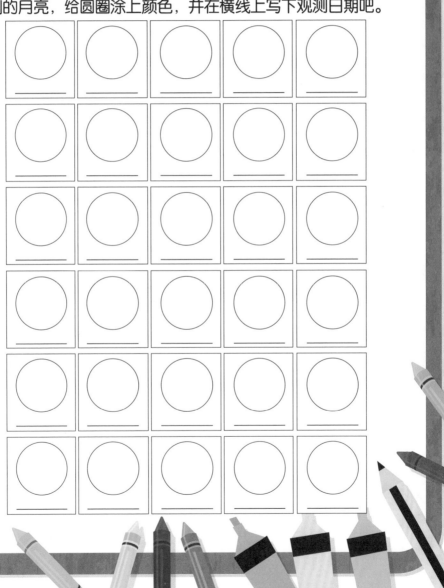

海市蜃楼是真的楼吗？

叹为观止的自然现象

现在微信朋友圈、微博上时常有人晒出一些视频，称自己拍到了海市蜃（shèn）楼。这些视频大多用手机拍摄，拍摄内容一般是住宅楼。视频里这些楼的上方和半空中还有其他楼的剪影，而且轮廓很清晰，大家纷纷表示这就是海市蜃楼！

其实这并不是海市蜃楼。

真正的海市蜃楼是什么样的呢？

真正的海市蜃楼是贴在地平线上的，只有很狭窄的一条，非常小、非常远，要特别仔细看才能看清楚那上面有一些景物，甚至往往要借助望远镜才能看清。

那么，网上流传的视频是怎么来的呢？有记者对这些视频进行调查，查清楚了它们的拍摄方法。比如，有一些开小卖部、理发店的人，他们坐在自己店门口，店门是玻璃门，玻璃门开着，既能透出后边楼房的真实影像，又能倒映出旁边楼房的影像，两个影像叠加在一起看上去就像海市蜃楼一样。他们觉得很有意思，就对着玻璃门拍视频或者照片，发布在网络上，人们看了误以为是海市蜃楼。其实这是由玻璃倒映出来的影像，不是真正的海市蜃楼。

海市蜃楼的名字是怎么来的呢?

古人觉得这种现象特别神奇，认为它来自大海里的一种叫"蜃"的大蛤蜊，蜃张开盖吐出来一股仙气，仙气就变化成了虚无缥缈的亭台楼阁，因此叫海市蜃楼。

但是并不是所有古人都这么想，这只是流传最广的一个传说。你去翻看历史书，会发现也有不少古人认为这个传说不可信。

大约明清时期，有人提出了一些比较科学的设想，他们认为海市蜃楼是山川之气与太阳光发生作用形成的。

海市蜃楼是怎么产生的?

现在科学也证明，海市蜃楼是一种大气光学现象。海市

叹为观止的自然现象

蜃楼分两种，一种叫上现蜃景，一种叫下现蜃景。

上现蜃景一般发生在海上。它是怎么发生的呢？大海上的空气下面比较冷，高处很暖和。太阳光会在两层空气之间发生折射，把离我们特别远、本来看不见的东西折射上来，在海面上空出现它的影像，使我们能看到它，这就叫上现蜃景。

下现蜃景一般发生在沙漠里。有时候一些旅行者在沙漠里迷了路，十分口渴，这时候他们发现远处沙漠的地平线上出现了一个大湖，波光粼粼。等他们跑过去，才发现那里一点儿水都没有。这就是下现蜃景。

下现蜃景和上现蜃景正好相反，上现蜃景是在空气上热下冷的情况下出现的，下现蜃景则是在空气上冷下热的情况下出现的。太阳把沙子晒得特别热，所以沙子附近的空气也热了，但是在更上边的空气并没有那么热，这样形成的虚幻影像就会在本来物体的下方出现。

因此，映在沙漠里的虚像就不是来自湖泊，那么，是什么东西映在沙漠里了呢？是天空。天空的样子倒映在天空下

下现屺景

边的沙子上，看上去是不是就跟湖面一样？湖的颜色和天空的颜色很相近，这就使旅行者产生了错觉。

我们既不生活在海边，也不生活在沙漠，能不能看到海市蜃楼呢？答案是，在城市里，我们可以经常看到海市蜃楼。大热天时你坐在马路上行驶的汽车里，盯着正前方道路的尽头看，会看到远处的路面好像有一摊一摊的水，但是当车开过去时会发现那里根本没有水。这也属于下现蜃景，地上的水就是天空的倒影，形成原理与沙漠中的海市蜃楼一样。

在气象条件特别复杂的地方，还会出现一种更独特的海市蜃楼——复杂蜃景。它是上现蜃景和下现蜃景的结合。出现复杂蜃景的时候，你会看到远处的地平线上立起了像墙一样的东西，墙上的景物像一座变形的都市，并且一直不断地

城市里的海市蜃楼

变化。有的时候形成的虚幻城市是朝上的，过一会儿它马上又朝下了。这是在非常复杂的气象条件下才会出现的景象。

西方人称复杂蜃景为"女妖莫甘娜"。莫甘娜是西方亚瑟王传说里的一个女妖，擅长使用法术。西方人觉得这种复杂蜃景里的景象太奇怪了，认为这是女妖莫甘娜施法术造成的。

另外，人们归纳出了海市蜃楼的一些特征。比如，大海上的海市蜃楼在春夏之交的时候最容易出现，这时天气从冷刚刚要转热，温差大，气象条件有利于海市蜃楼的出现。

海市蜃楼出现的样子也有人进行了总结。在很多年前，有一位英国科学家在英国的海边观察到一艘帆船在海上航行，这时候出现了海市蜃楼。于是，这位科学家就记下了这艘帆船出现的几种蜃景。

其中一种情况就是我们可以看见船本身，而在船上边的天空会出现一个船的倒影，就好像船在耍杂技一样。如果条件更合适，倒立的船上面又会顶着一个正立的船。本来只有一条船，但是一出现海市蜃楼，我们就有可能看到三条船，一条顶着一条。这就是"上蜃三影"。

我国观赏海市蜃楼最好的地方是山东的蓬莱。蓬莱的气象、地理条件都很适宜出现海市蜃楼。如果你去那里旅游的话，可以多去海边看一看，观察一下贴着海平面的地方有没有一些奇异的景象。如果你能看到的话当然很幸运了，如果没有看到，蓬莱景区里有放映海市蜃楼视频的地方，你可以买门票进去观看。

我的自然观察笔记

小朋友，夏天跟爸爸妈妈出去玩的时候，仔细观察一下马路，看看能不能发现书中说的下现蜃景。如果看到的话，记得将看到的场景画到下方空白处。

放生小动物就是做善事吗？

叹为观止的自然现象

爸爸妈妈总会教育你要爱护动物，保护动物，可能还会带你参加一些放生活动，比如在公园里把鱼放到河里，有时候还会放生一些小乌龟或鸟。你有没有做过这样的事？你看到过别人放生吗？了解了下面的知识，你要赶快停止或制止这种行为，换一种更正确的方法对待这些小动物。为什么这种行为是不对的呢？

这些年我看到了很多错误的放生行为。比如，我经常看到有人买一种特别大的龟去放生。这种龟的嘴巴特别大，壳上长的刺也特别大，尾巴很长，非常凶猛。如果拿一个西瓜放到它嘴边，它一口就能咬碎。这种龟被人认为是千年老龟，但它其实是从美国引进的一种龟，叫鳄龟。

鳄龟

鳄龟最早引入中国是为了食用。鳄龟长得特别快，三五年就能长很大，很像千年老龟，其实它只有三四岁。后来，这种龟在中国销路不好，有些无良的商贩就谎称这种龟是千年老龟。有些人认为放生千年老龟是很好的事，所以就买它们放生。但是，放生这种龟对生态环境造成的危害很大。鳄龟原本不是生活在中国的，在中国放生之后它没有天敌，就会拼命吃水里的鱼、虾、水鸟和其他乌龟，这样会彻底破坏我们的生态系统。像这种破坏当地生态环境的外来物种，我们叫它"入侵物种"。

福寿螺

这样的物种还有很多，比如我国南方水里常见的一种巨大的螺——福寿螺，它就来自南美洲。人们把它引进中国后，它到处繁殖，不仅啃坏了田里的秧苗，还传播疾病。如果你在南方，可以注意看水边的植物、岸边有没有一团团粉色的小球，那就是福寿螺的卵。

错误的放生行为会造成生态破坏，大家千万不要做这种帮着外来物种入侵的事情。

放生的注意事项有哪些呢？

第一，放生之前一定要确定放生的动物是中国本地的物种，还要确定放生的环境适合它生存。

我看过有人把生活在中国南方的鸟放生到中国北方。中国太大了，南北环境有很大差别。生活在南方的鸟被放生到北方，无法适应环境，到了冬天就会被冻死。

第二，不要随便放生动物，尤其不能放生扰民的动物。

曾经有人买了很多蛇去农村放生，完全没有考虑到蛇会跑到村民家里把人咬伤的情况。我甚至还见过有人在农田里放生蝗虫，结果蝗虫把庄稼都吃了，这不仅毁了农民伯伯的劳动成果，甚至还会造成粮食歉收。

布网捕鸟

第三，我们不能让放生行为促进违法捕猎。现在放生鸟的人太多了，放生小鸟已经成了一门生意。有一些不法分子会在野外拉网，让小鸟撞在网上，把鸟收集起来，然后长途运输到寺庙之类的地方去，卖给放生的人。

如果没有放生的人去买，鸟在野外活得好好的，人们的放生行为反而使它们被抓起来了。而且，捕捉、长途运输的过程中会死很多的鸟，你放生了一只鸟，但同时有几十只鸟死在了非法捕猎的人手下，而且活下来的鸟身体虚弱，没有经过治疗就被放生，也容易死。

错误的放生行为相当于杀生，比如在天寒地冻的情况下放生青蛙和乌龟。这些动物应该从秋天就开始准备冬眠了，到寒冬时它们应该正在冬眠中。这时把它们从人类饲养的温暖环境中搬出来，突然放到冰天雪地里，它们无法适应，就会死亡。

此外，我们还要注意生态环境的承载能力。人们经常会追求放生的数量，认为放生越多越好。比如放生鱼的时候，一卡车接着一卡车地往河里倒鱼。其实这也是错误的。放生前，一定要先评估环境能够承载多少动物，突然放生太多的话，不仅会打扰环境里原有的生物，还会让这些放生的动物互相争夺食物和地盘，最后大量死亡，所以这样的放生就等于杀生！

放生的手法也有讲究。比如，正确放飞鸟类的方法就是把鸟笼门打开，让鸟自己飞走，而不是把它抓住，扔向空中。放生鱼的时候，农业部规定的科学方法是把装鱼的袋子放在水里，慢慢地把袋口打开，让河水进入袋子里，这样鱼就很自然地游进河里了。不能把鱼往上一扔，让它掉进河里。

了解了这么多，你是不是感觉放生很麻烦？对，放生就是一件非常麻烦的事，它是一门科学。我们作为普通人，如果想正确地放生，十分困难。所以现在很多国家和地区都严禁个人放生。

"禁止放生"提示牌

澳大利亚规定：如果未经渔业部门批准就放生鱼类，将处以 2000 澳元的罚款。我国香港地区规定：在人工湖里放生鱼类，可判罚款 2000 港币并监禁 14 天。内地现在也终于有了规定，严禁在公共场所放生。现在你去北京的公园，会看到湖边立着"严禁放生"的牌子。

如果我们想科学放生，要怎么做呢？

在一些地方，科学家会与寺庙僧人一起来做这件事。科学家经常要救助一些野生动物，在动物恢复健康、要回到大自然的时候，他们就会邀请僧人或者爱心人士一起科学地放生。

此外，科学家为了补充大海里的鱼类种群，会人工饲养一些鱼。等鱼苗长大后，科学家们就和一些爱心人士一起把鱼放到海里。

这都是非常好的放生行为，有科学家的指导，我们就可以放心地放生和帮助动物了。

"我必须要参加一次放生活动，才算做了好事"，不用这么想，没有必要追求刻意的放生。在生活中见到受伤的小动物时，去帮助它，救助它，或者给警察打电话，让警察把它们交给救助机构，这样对它们更好。

我的自然观察笔记

　　放生不当会对我们身边的动物朋友造成伤害，为了避免这种情况的发生，我们必须全面了解动物朋友的生活习性。小朋友，你喜欢什么小动物呢？请查阅资料或者请教老师、家长，了解它的生活习性，为它制作一张名片吧！

我的动物朋友

名字：

性情：

天敌：

喜欢待的地方：

喜欢吃的食物：

最擅长的事情：

头像

石头里还有风景画？

叹为观止的自然现象

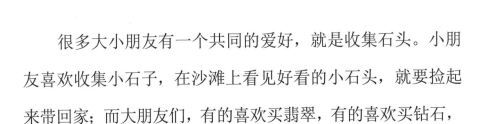

很多大小朋友有一个共同的爱好，就是收集石头。小朋友喜欢收集小石子，在沙滩上看见好看的小石头，就要捡起来带回家；而大朋友们，有的喜欢买翡翠，有的喜欢买钻石，这也是喜欢石头的另一种形式。

如果你也喜欢石头，我要向你推荐南京的一种特产——雨花石。

如果你去南京旅游，应该会去夫子庙、雨花台之类的景点。在这些地方，商贩会摆出一大堆彩色小石头售卖，标明这些都是雨花石。这些石头花花绿绿、光溜溜的，很便宜，20 元钱就能买一把。

景区售卖的假雨花石

不过我要告诉你，这种石头其实并不是雨花石。这些小石头的花纹简单粗糙，而且颜色非常奇怪，比如整颗石头都呈蓝色、绿色或者很不自然的红色。它们不是南京产的正宗雨花石，而是其他地方产的玛瑙矿石。玛瑙听着很高档，却是一种很便宜的矿石，产量非常大。像这种20元钱一把的石头多是中国的东北三省、内蒙古地区以及南美洲的巴西出产的玛瑙，品质较低。人们在山上开采出来后，把石头弄成小块，再打磨、染色，染完色之后卖到夫子庙、雨花台这些地方。

我不建议小朋友去玩这种石头，因为染色的颜料对皮肤不好；也不要把它放在鱼缸里，这些颜料对鱼也不好；更不要去舔或者把它含在嘴里。如果你已经买了，就把它放在桌子上看。

还有一些假的雨花石是用彩色玻璃做的。它里边加的颜料也特别多，看上去是一层一层的，有点儿像玛瑙，但是见过真玛瑙的人，一眼就能看出来这是人工仿造的。

还有一些所谓的雨花石，上面几乎没有图案，就是纯白

用彩色玻璃伪造的假雨花石

色或纯黄色的。其实它们只能算是鹅卵石，一般由一种常见

的矿物质——石英组成，虽然看上去是透明的，但是称不上

雨花石。

鹅卵石

  其实，真正的雨花石是非常漂亮的，而且确实出产于南京周边。早在新石器时代，南京附近的人们就开始收集雨花石。南京的博物馆里就展示着一些新石器时代的人捡的雨花石。

南京为什么有雨花石呢？

  在距今250万～150万年时，南京周边有很多火山。火山喷发的时候，地下的石头就产生了剧烈的变化，形成了很多玛瑙。随着时间的推移，火山不再喷发，逐渐出现了古代的长江水系。这一地区有河流经过，流水把表面的石头冲刷掉，玛瑙就露了出来。

日积月累，风吹日晒，这些玛瑙变成了一小块一小块的，留在古代的长江水系里，继续被流水冲刷、搬运。石头的棱角被慢慢地磨圆了，变成了一颗一颗小卵石。这就是真正的雨花石的主要来源。

后来，河流改道，不经过这里了。原来的河道干涸后，大量的鹅卵石堆积在河床底部，埋藏在河底的沙子里。这些石头平时灰头土脸的，但一下雨，被雨水浸润后，颜色就显现出来了。人们最开始就是在下雨之后发现这些漂亮的小石头的。

现在，当地人会用挖掘机把旧河床上的泥土、沙子、石头挖出来，然后进行筛选。细沙子被卖到工地盖楼房用，没有图案的石头用来铺路，那些被挑选出来的漂亮

雨花石

石头就是雨花石。

雨花石是什么样的呢？

雨花石里除了玛瑙，还有其他的成分，比如玉髓、蛋白石，甚至还有一些化石。我收藏了一些有化石的雨花石，里边有的是鹦鹉螺化石，有的是珊瑚化石，还有一种最常见的辉木化石。辉木是古代的一种蕨类植物，它的化石看上去就像很多小眼睛在看着你一样！

雨花石最有意思的地方就是石头上的花纹会形成图案。

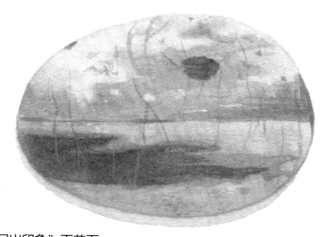

"日出印象"雨花石

一旦图案像某个东西，那它就是一块特别好的石头，会受到大家的追捧。

所以，在观赏雨花石的时候，你可以展开想象，想一想石头上的图案像什么，然后给它起个名字。这是玩雨花石的过程中非常重要的一个环节。比如，我有一块石头，它的上半部分有一个小太阳，太阳旁边还有朝霞，下半部分是大海，海上有船，大海旁边有海岸，看上去特别像

"黄果树瀑布"雨花石

印象派画家莫奈的一幅名画——《日出·印象》，所以我就把这块石头叫作"日出印象"。

还有一块石头看上去就像从山崖上流下来好多的水，特别像我国贵州著名的黄果树瀑布，我就把它命名为"黄果树

瀑布"。

有的雨花石的图案像一只白色的猴子，有的雨花石的图案像唐僧骑着一匹马要去西天取经，还有的雨花石的图案是一些仙山楼阁，云雾缥缈的，非常神奇。

看到这里，可能有小朋友迫不及待地想去买真正的雨花石了，那么去哪儿买呢？最好还是去南京买，因为那里是产地。如果你去南京旅游的话，不要在夫子庙、雨花台买，去清凉山买。清凉山每周六的上午有雨花石集市，那儿的雨花石大都是真的。但是近几年，有些商贩开始用一些产自马达加斯加的玛瑙冒充雨花石。买之前要多做一些功课，多看一些真正的雨花石，这样才能辨别出真假。

南京市六（lù）合区和仪征市是雨花石的主产地。现在大部分的真雨花石就是从这两个地方开采出来，运到南京景点去售卖的，所以也可以去这两个地方买雨花石。而且这两个地方也有一些砂矿，曾经的长江河道现在已经干涸了，那里到处是小石子，如果你眼力好，去那里好好地找一找，也可能会捡到雨花石。

雨花石怎么玩呢？

你要把它泡在水里观赏。好的雨花石都是天然的，没有经过人工打磨抛光。精品雨花石就是从土里捡出来的样子，好像灰头土脸的。可是，你把它泡在水里后，它的花纹就全都显现出来了。

水中的雨花石

你可以用一个小玻璃碗或者小白瓷碗装上水，把小石子放进去，泡着水看。这种方式俗称"养石头"，就像养鱼一样，但是养石头更省事。你不用管它，隔几个月给它换换水就可以了。因为泡的时间长了，水里会长一些藻类。

　　玩雨花石，主要就是仔细观察它上面的花纹，看看它像什么，给它起一个好听的名字。你可以和爸爸妈妈一起做这件事，大家都开动脑筋想想石头上的花纹像什么，甚至还可以为它编一个故事。

　　如果你喜欢石头的话，一定要尝试着收藏几块真正的雨花石，相信你一定会感受到其中的乐趣。

我的自然观察笔记

世界上的每颗石头都长得不一样。小朋友，请你找到几颗石头，观察一下它们的形状、大小、纹理等有什么不同，并将它们分别画在下方空白处。

雪花为什么是六瓣的？

叹为观止的自然现象

我小时候曾经问过我妈妈一个问题：为什么脚踩在雪上会发出"嘎吱嘎吱"的声响呢？当时我妈妈告诉我，这是因为雪里藏着好多小钉子，人一踩，钉子碰钉子，所以会发出响声。我不相信，因为我从来没有发现雪里藏着很多小钉子。长大之后我知道了原因。

地上的雪是一片一片的雪花轻轻地互相交叠在一起的，所以它非常疏松。但是我们用脚踩上去之后，疏松的雪花就会被压缩到一起，压力会使它们彼此摩擦，发生一定程度的融化，让雪花们紧密地结合在一起，变成一个类似于冰块，但是又没有冰块坚硬的固体。就像我们揉雪球，是用手给雪一个压力，让它变成坚硬的一团。

脚踩在雪地上的时候，我们踩的方向是会变化的。我们往前走的时候，我们的脚是先往下踩，再往后推地面，这样才能让我们的身体向前。而在往后推地面的过程中，已经被压缩到一块儿的雪就会发生断裂。因为雪变成一块之后，是没有弹性的，踩踏的方向如果发生改变，雪就会断裂。就算踩踏的方向不发生改变，还是直直地向下踩，踩到最后时，雪也会因为承受不住而断裂。而如果我们往前走，加上向后推地面的力，这种断裂就会更多。这种断层和断层之间发生摩擦的声音，就是我们听到的"嘎吱嘎吱"的声音。只有厚厚的雪层才会有这种明显的嘎吱声，雪层很薄，一踩就化成水时，就不会发出这样的声音。

冬天下的都是雪吗？

　　2019年4月我在微博上回答过一位网友的问题。他说他家下了一种像雪又不是雪的东西，就是很多的小白球，这些球像芝麻那么小，一粒一粒掉在地上的时候还能弹起来。这些球逐渐在地上堆积起来，远看白白的一片，也像雪一样。他问我这是什么雪，我回答他：这个和通常意义上的雪有点儿区别，叫霰（xiàn）。有的小朋友玩过枪战游戏，游戏里有一种枪，俗称"喷子"。之所以叫这个名字，就是因为它发射出来的不是一颗颗子弹，而是很多个小珠子，攻击范围很大。很多人称这种枪为"散弹枪"，因为它的弹丸是分散着发射出去的。其实它应该叫"霰弹枪"，因为射出去的这些小弹丸，就跟天上下的霰很像。

虽然有不少学者把霰算成雪的一种，但通常意义上的雪还是一片一片的雪花。下雪的时候你可以接一片雪花，观察一下。记得不要直接用手掌去接雪花，不然你会发现雪一落在手上就融化了，因为你的手是热的。一定要用你的羽绒服袖子或手套去接，这样雪就不会那么快融化了。

雪花是什么形状的？

雪花

雪花基本的形态是六瓣的。正因为这样，古人又把雪花叫作"六出飞花"，就是说它有六个叉。

水结成冰之后，会形成小冰晶，有十几种不同的样子，除了六边形，它还可能是四边形的，也可能是七扭八歪的形状，六边形只是其中的一种。

可是为什么我们看到的雪花大部分都是六瓣的呢？这是因为其他形状的冰晶只有在非常极端的环境下才会出现，而六边形的冰晶是我们日常生活的环境中最容易形成的雪花形态，在平常下雪天的天空状态下就能出现。

其实雪花在成形之前，它并没有花的样子，只是一个六边形的小冰片或小冰柱子。那么冰晶是怎么变成花的样子的呢？这和天空中的环境有关系。

如果在天空中，冰晶周围的水汽不充足，那么它长出来的花就会很小，基本还是一个六边形小片的形状；如果它周围的水汽特别充足，那么它就会长很多的花，花会长得很长，每一个角上都会长出一个尖来，尖上会分叉，又再分叉，最后就变成了一朵非常漂亮的雪花。

如果你接到的雪花都是很简单的六边形的小片，那就说明天上的水汽很少。如果你接到的是非常漂亮的大雪花，那就说明天上的水汽很充足。

雪花的形状还跟天上的温度有关系。如果天上的温度低于零下 20℃，雪花会长得很厚；在零下 20℃到零下 10℃的时候，它会变成一片很扁的雪花；而当温度升高到零下 10℃到零下 5℃的时候，它又变厚了；零下 5℃到 0℃的时候，它又变扁了。听起来是不是有点儿反复无常？但这就是它的规律。

有的小朋友可能会好奇，雪花为什么都是对称的？一朵雪花每一瓣上分支的样子，基本上都是一样的，所以它看上去很对称。为什么不是随便长的呢？这是因为最开始的时候冰晶太小了，在遇到云彩里的水汽时，它的六个角都是同时冷或热，面对的情况都是相同的。

如果它是一个像盘子那么大或者像人的脑袋那么大的大冰晶，那么可能每个角受到的风或者水汽是不一样的。但是像针尖那么小的东西，就算一股风吹过来或者一丝小云彩飘过来，对它来说，也都是六个角受到同样的刺激。所以它的六个角就会生出同样的雪花来。

有一些北方的小朋友可能在家里的玻璃上见过冰花，如

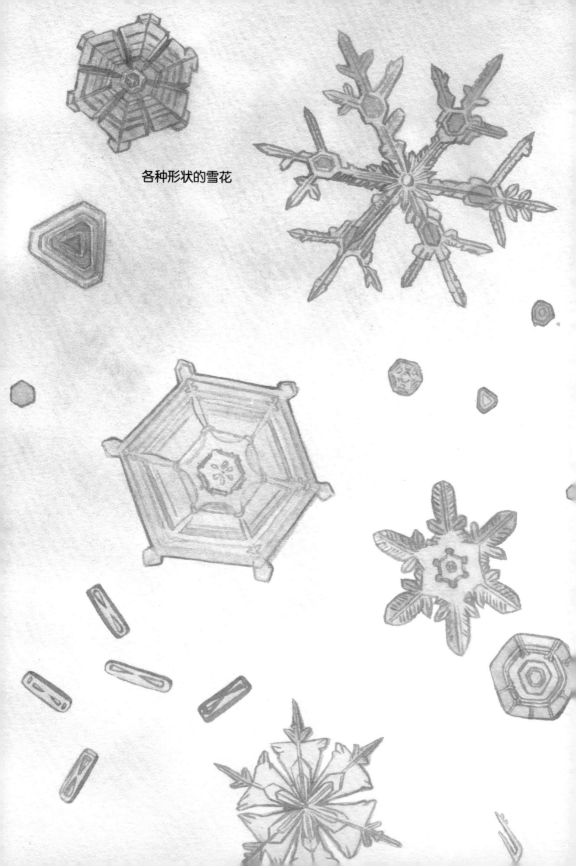

各种形状的雪花

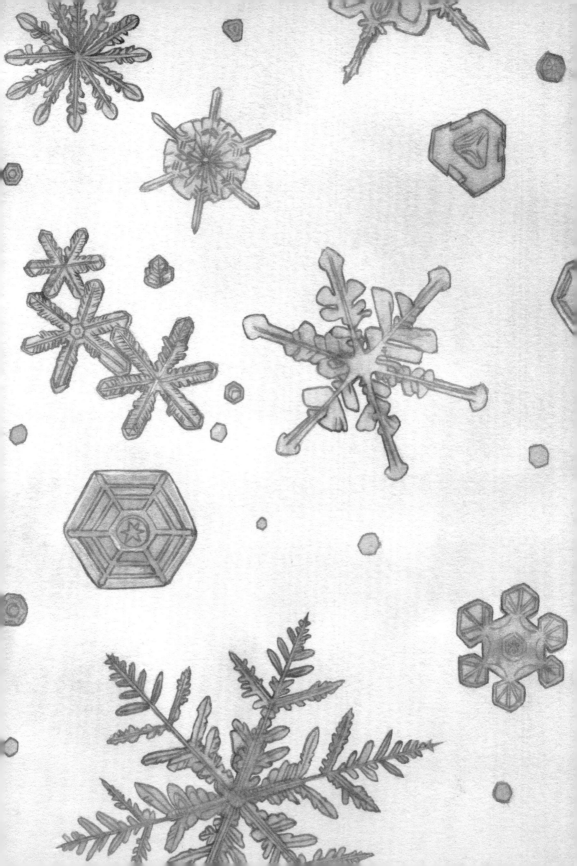

冰花

果一个阳台是被玻璃封起来的，而且里边并没有暖气，那么在冬天的时候，厨房里的热气飘到阳台，水滴就会凝结在玻璃上；玻璃被外边的寒风吹得特别冷，这些水滴就会在玻璃上结成冰。第二天整个玻璃上都是非常漂亮的冰花。这些冰花一般是树枝形状或羽毛形状。

这些冰花为什么不结成六角雪花的形状呢？这是因为小冰晶在天上的时候悬浮在空中，谁都不挨着谁，生长起来特别自由、不受干扰，所以它可以长成一朵六瓣的雪花。而玻璃虽然看上去很光滑，但它表面有很多的凹凸，在玻璃上结冰会受到很多干扰，这样小冰晶不会变成完美的雪花形状，而只会形成树枝或羽毛的形状。

我的自然观察笔记

　　小朋友，等下雪的时候，请穿得暖和一些，跟爸爸妈妈一起出去观察雪花。你可以先抓一把在手里感受一下雪的温度，再看看落到衣服上的雪花是不是六边形，然后跟爸爸妈妈在雪地上来回走几步，听听雪花被挤压的声音。

　　等回到家以后，用几句话描述一下自己的感受吧！

天空为什么是蓝色的?

叹为观止的自然现象

我想每个小朋友都会有这样的疑问：为什么晴朗的天空是蓝色的？为什么雾霾、下雨、刮大风或沙尘暴的时候天空不是蓝色的？

解答这些问题前，请小朋友们回忆一下：你去山里玩，爬上山顶欣赏风景的时候，看着远方的群山，有没有发现近处的山都是绿色的，而越远处的山颜色越深，特别远的山看上去会发蓝或蓝中透黑？

古人把远山的颜色称为"黛"。"黛"在汉语里是青黑色的意思，青是一种发蓝的颜色，黑就是黑色。所以"黛"就是一种蓝中带黑的颜色。"远山如黛"说的就是远处的山的颜色是黛色，也就是一种很深的蓝色。

为什么远处的山看上去不是绿色的，而是蓝色的？

这就要说到"晴朗的天为什么是蓝的"了。其实，它们的原理是一样的。

空气是由很多物质构成的，其中最重要的氧气分子、氮气分子、二氧化碳分子占了大部分。除此之外，还有一些悬浮的灰尘、小沙粒，等等。而当光线照射到这些气体分子或小灰尘上时就会被打散，分散着发射出去。这种现象是光的散射。类似于把一盆水泼到一个皮球上，水会向四面八方溅出去。

　　光的散射分很多种情况。如果空气里的小粒子特别小，远小于入射光波长，就会发生一种独特的散射——瑞利散射。这种散射规律是由英国物理学家瑞利发现的，因此得名。这种散射有什么独特之处呢？因为阳光是照在特别小的微粒上的，所以它散射出来的结果是：波长越短的光散射出来的光

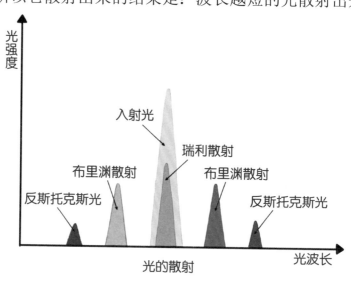

光的散射

的强度越大。

波长短的光是什么光呢？大家看一下彩虹的颜色，红橙黄绿蓝靛紫，从红到紫，波长越来越短，红色光波长很长，在彩虹最末端的冷色调的蓝色、紫色光波长很短，是人类肉眼可以看到的可见光里波长最短的光。

按照瑞利散射的原理，光的波长越短散射越强。那么阳光（阳光里什么颜色都有）照在空气上，散射出去的时候，波长最短的光，也就是蓝色光、紫色光，它们的光强是最大的。而蓝色光比紫色光能量大，所以蓝光就占了主流。其他颜色的光，比如红色光、橙色光、黄色光，它们也散射，但是强度不够，所以完全被蓝色光盖住了。空气中悬浮着的无数微小颗粒一起散射，导致天空到处都是蓝色光，天空也就变成了蓝色的。

我们看近处的东西时，这种现象不明显。我们看稍微远一点儿的山时，虽然中间的空气经过散射，会显现出一些蓝色，但是这个蓝色太浅了，我们看不出来。只有看特别远的山的时候，因为我们跟远山之间充满了大量的空气，空气散射出的蓝光叠在一起，这种现象才比较明显。

因此，远山如黛并不是因为山本身是蓝色的，而是因为我们和山之间的这一大堆空气散射出了蓝光，才让我们觉得远山好像也发蓝了。这和天空是蓝色的原理一样，都是瑞利散射。

只有晴朗的天空才显现蓝色，又是为什么呢？

前面说过，瑞利散射需要空气中的微粒足够小，这些微粒的大小要达到分子的程度，比如氮气分子、氧气分子。当阳光照射在这些分子上时，才能出现这种效果。

那么什么情况下才会有这样的环境呢？只有空气非常干净、杂质很少，只剩下这些小粒子的时候，我们看到的天空才会是蓝色的。而有沙尘暴或者雾霾的时候，空气中充斥着大量的脏东西，沙粒和灰尘的颗粒比分子大很多，它们散射出的光不遵循瑞利散射的规律，因此我们看到的天空就是其他颜色了。

大海、大湖也呈蓝色，这和天空发蓝是一个原理吗？

大海和大湖的水在阳光明媚的时候发蓝，确实有一部分原因是瑞利散射，这与天空发蓝的原理一样。但这要求水足够洁净，没有太多悬浮在水里的大颗粒，只有非常小的分子来散射阳光，才会让水发蓝。但这不是大海、大湖的水发蓝的主要原因。

水和空气不同，当阳光照到水上时，水对红色光的吸收强于蓝色光，会把红色光吸收，把蓝色光剩下。所以阳光进入水里之后，红色光或黄色光被水"吃"了，只剩下蓝色光了，我们看到的就是蓝色的水。所以大海和大湖的水是蓝色的主要原因并不是光的散射，而是水对光的吸收。

换个说法就是：天空呈现蓝色是因为散射出来的这些七色光里，蓝色光强度最大，红色光、黄色光并不是消失了，而是被蓝色光覆盖了。而大海呈现出蓝色是因为除了蓝色光，其他的暖色光都被水吸收了。这就是二者最大的不同。

蓝天大海

当然，水呈现蓝色也是一种叠加的效果，和远山一样。少量的水看不出蓝色，需要水足够多、足够深，我们才能看到蓝色。我们拿起一杯水放在阳光下看，感觉它是无色透明的，其实它是一种非常淡的蓝色，只不过这个颜色淡到我们在一杯水里看不出来。只有无数杯水放在一起，变成大湖、大海，颜色叠加在一起越来越深，越来越深，我们才能看出水是蓝色的。

另外，水的蓝色还受到另外三个因素影响。一是天空的颜色。如果天空很蓝，水也会映得很蓝；如果天空是灰蒙蒙的，水就不会那么蓝了。二是水底的颜色。比如有的沙滩是洁白的沙子，海水以它为底色就会是晶莹的浅蓝色；如果是黄沙滩，那就呈现不出蓝色了。三是水中的物质。清澈的水会更蓝，脏水由于杂质的干扰就不是蓝色的。

了解这些以后，下次你再看远山、天空和大海时，就可以好好观察一下了。

我的自然观察笔记

小朋友，跟家人去海边玩的时候记得观察一下，近沙滩的海水是什么颜色，远处的海水又是什么颜色，并结合本节的内容思考一下原因。

观察完毕后，请在下方空白处将大海画下来吧！

真的有 "天狗食月" 吗?

叹为观止的自然现象

　　2019 年 1 月，北美洲出现了一种罕见的天象——超级血狼月。这名字非常酷吧！这是"超级月亮""血月""狼月"三种天文现象的合体。这和"月全食"紧密相关。

　　月全食就是月亮在一个晚上，从圆月变成月牙儿，月牙儿消失，变成一轮红月亮，然后再从月牙儿变成圆月。古时候，每当发生月全食时，人们都会非常紧张，许多国家都流传着不同的传说。有人认为那是天神发怒，是一种不祥的预兆。古代中国人认为那是天狗吃掉了月亮。为了让天狗赶紧把月亮吐出来，大家会敲锣打鼓，把天狗吓跑。敲锣后不久，月亮就会重新出现，慢慢变回明亮的圆月。

　　有的小朋友知道天上没有天狗，月全食是月亮在围着地球转的时候跑进了地球的阴影里。有的小朋友可能又有疑问了：我们每天看到的月亮不就是变化的吗？今天是月牙儿，明天月牙儿又大了一点儿，最后变成满月，接着又从满月变成月牙儿。为什么月全食的时候人们那么害怕，这两者看上去没有区别呀？

月相变化图

月全食和月亮的圆缺变化有什么区别？

首先，月全食是月亮在很短的时间里，也就是几个小时之内完成的一个从圆到看不见到又变圆的过程。而我们平常看到的月亮的阴晴圆缺变化，则是整晚的样子基本没有变化。比如今天晚上月亮是一个弯弯的月牙儿，那么整个晚上它都是这个样子，等到第二天晚上，它才会稍微有一点儿变化，一个月才会完成一次从月牙儿到满月再到月牙儿的变化。

我们通常说一个月 30 天，就是月亮从新月到满月再变回新月的一次过程，其实这个过程是 29 天半。以前人们用的日历，比如我国的农历，一个月的长度就是以月亮的圆缺变化为参考标准的。所以每月农历初一的月亮就是新月，农历十五的月亮就是满月，完全符合这个规律。而我们今天通用的公历是根据太阳运行制定的历法，虽然公历也把一个月设为 30 天左右，但就不符合月亮圆缺变化的规律了。我们平时看到月亮完成一个周期变化需要一个月的时间，而在月全食的时候几个小时就完成了这种变化，古代的人们当然觉得害怕。

其次，大家还有一个常见的误解：月全食是地球的影子把月亮挡住造成的，所以很多人也误以为月牙儿旁黑暗的部分也是地球挡住了太阳光造成的。其实平时地球是不会挡住太阳的，只有在月食的时候地球才会挡住太阳。平时月亮即使是一个月牙儿，它的缺口也不是地球挡住阳光造成的，而

月食示意图

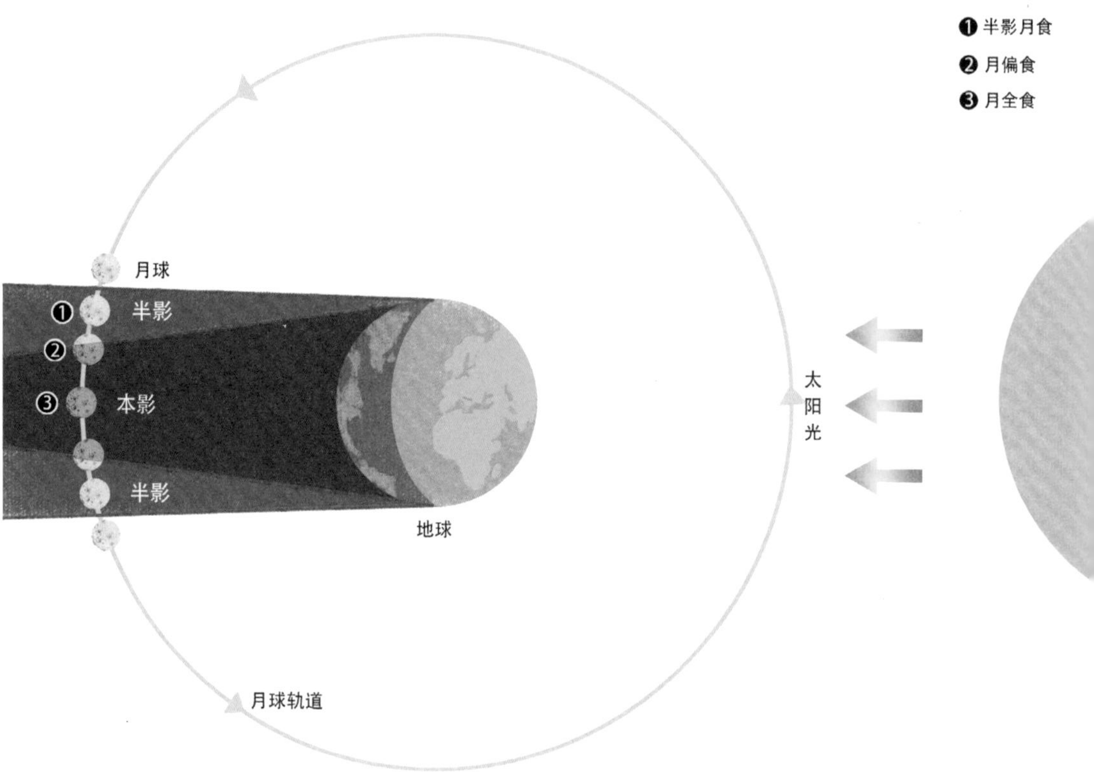

❶ 半影月食
❷ 月偏食
❸ 月全食

月球

❶ 半影

❷

❸ 本影

半影

地球

太阳光

月球轨道

是月球运行到太阳和地球之间造成的。

　　感兴趣的话，我可以教你做个实验。在阳光明媚的时候你站在窗边，手里拿一个小球，面向窗口。你现在就扮演地球的角色，让手里的小球在你面前从左向右移动。你会发现：即使你没有挡住小球，这个球本身也会产生一定的阴影。小球被阳光照到的那一面是亮的，没有被照到的那一面则是黑

叹为观止的自然现象

的。你会看到小球在不同位置所呈现的样貌也不同。比如小球移动到某一个地方时，你看到上面出现了一个小月牙儿形。也就是说，即使没有被地球遮挡，月球也会出现小月牙儿。你再走到另一个位置，会发现它亮的部位变成了一个半圆，不再是一个弯弯的月牙儿了；再往前走，又变成了一个橄榄球的形状；当你把它转到你身后的时候，你会发现整个小球完全被太阳光照亮，这就相当于满月了。

做完这个实验你就会知道：月亮平时的阴晴圆缺变化完全是因为月亮本身的位置变化造成的，并不是因为地球的遮挡。还有一件事也能证明这一点。月亮在月初时是一个弯弯的月牙儿，我们叫它蛾眉月，因为它像眉毛一样，而过一段时间它会变成上弦月。上弦月是什么意思呢？月亮不再是由两条弧线组成的月牙儿了，而是由一条弧线和一条相对较直的线组成的月相，像一张弓一样。弓本身是弯曲的，而弓弦是直的。月亮就变成了一个半圆，半圆中间的线基本上是一条直线。这是因为我们正好站在月亮的侧面，看到的这一半的月亮被阳光照亮，而另一半正好在黑暗里，所以形成了上弦月。如果是地球遮挡月亮的话，因为地球是一个球体，是不可能呈现出一条直线的。所以这也可以直接说明：月亮的阴晴圆缺变化并不是由地球遮挡造成的。

月全食是月亮全部被地球的影子挡住了。按理说，月亮被挡住了，我们就应该看不见它了，但是事实不是这样的，这时候整个月亮突然变成了红色的月亮——"血月"。虽然这个红色的月亮不像平时的月亮那么耀眼、那么亮，但是我们用肉眼完全可以看见。那么，为什么当地球挡住了太阳光，月亮还能被看到并且是红色的呢？因为这时月亮虽然被地球挡住了，但是仍有一部分太阳光线，擦着地球的边，照到月亮上。

光是直线传播，原本阳光照不到月亮，但地球多了大气层，光线在经过大气层的时候会发生拐弯。太阳光里红色光拐弯的程度最大，大量的红色光拐弯后照射到了月亮的表面，所以月亮看上去就是红色的。这样，月全食的时候，我们就能看到红色的月亮。

月亮在平常圆缺变化的时候，比如当月亮是一个月牙儿的时候，如果天气很好，你仔细观察月牙儿，能看出月牙儿以外的部分并不是完全漆黑的，边上有一个轮廓和月牙儿一起组成了一个圆形。这就说明暗的部分其实还是被稍微照亮了一点儿，只不过跟月牙儿相比亮度不够，所以不明显。这种现象我们叫"地球反照"。这一部分才是阳光照在地球后，被地球反射到月亮表面形成的月相。因为这部分是直接反射的阳光，所以不是红色的。它和月食时形成的红月亮的原理是不一样的。

"超级血狼月"里的超级月亮是怎么回事呢？

月亮围绕地球运转的轨道并不是正圆形，而是椭圆形。所以月亮有时候会离地球远一点儿，转着转着又会离地球很近。当月亮离地球最近的时候，我们在地球上看月亮，就会感觉它比平时要大一点儿。人们把离地球最近时的月亮叫作

"超级月亮"，这是我们平时能看到的最大的月亮。

"狼月"又是怎么回事呢？"狼月"是美国印第安原住民对每年第一次满月的叫法，他们认为狼会在这天晚上的月光下嗥叫。所以这只是一个文化上的称呼，跟天文现象没有关系。

2019 年 1 月，就是月亮离地球最近时发生了一次月全食，正好这又是 2019 年的第一次满月，同时满足了这三个因素，所以人们就用"超级血狼月"来称呼它。

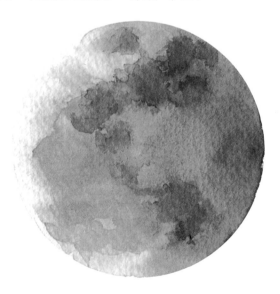

超级血狼月

叹为观止的自然现象

我的自然观察笔记

小朋友，月食的形成原理你看懂了吗？现在请你试着把月食状态下太阳、地球和月球的位置关系画在下方空白处吧！

图书在版编目（CIP）数据

小亮老师的博物课．叹为观止的自然现象 / 张辰亮
著；尉洋等绘 .— 成都：天地出版社，2021.3
　ISBN 978-7-5455-6167-8

　Ⅰ．①小… Ⅱ．①张… ②尉… Ⅲ．①博物学—儿童
读物②自然现象—儿童读物 Ⅳ．① N91-49

中国版本图书馆 CIP 数据核字 (2020) 第 245573 号

XIAOLIANG LAOSHI DE BOWU KE:TANWEIGUANZHI DE ZIRAN XIANXIANG
小亮老师的博物课：叹为观止的自然现象

出 品 人	陈小雨　杨　政
作　　者	张辰亮
责任编辑	赵　琳　张芳芳
美术编辑	彭小朵　李今妍
封面设计	彭小朵
责任印制	董建臣

出版发行　天地出版社
　　　　　（成都市锦江区三色路238号　邮政编码：610023）
　　　　　（北京市方庄芳群园3区3号　邮政编码：100078）
网　　址　http://www.tiandiph.com
电子邮箱　tianditg@163.com
经　　销　新华文轩出版传媒股份有限公司

印　　刷　北京博海升彩色印刷有限公司
版　　次　2021 年 3 月第 1 版
印　　次　2023 年 2 月第 21 次印刷
开　　本　710mm×1000mm 1/16
印　　张　7.25
字　　数　49 千字
定　　价　39.80 元
书　　号　ISBN 978-7-5455-6167-8

"博物达人"张辰亮带你一起通晓自然万物!

《小亮老师的博物课》配套音频，
喜马拉雅热播课程，扫码马上听！